DIE MAUEREIDECHSE

PODARCIS MURALIS

Uwe Schlüter

Mauereidechsenmännchen an einer Hauswand in Norditalien Foto: B. Trapp

Inhalt

Vorwort ... 4
Beschreibung ... 6
Verbreitung und Unterarten ... 10
Klimaansprüche und Lebensräume ... 14
Lebensweise und Verhalten ... 20
- Aktivität und Thermoregulation ... 20
- Jagdverhalten und Nahrung ... 22
- Sozialverhalten und Feinde ... 23

Fortpflanzung in der Natur ... 26
Gefährdung und Schutz ... 30
Pflege im Terrarium ... 32
- Erwerb, Transport und Quarantäne ... 32
- Terrarieneinrichtung und -klima ... 35
- Freilandhaltung ... 38
- Überwinterung ... 39
- Verhalten und Vergesellschaftung ... 40
- Ernährung ... 42
- Krankheiten ... 44

Vermehrung im Terrarium ... 48
- Geschlechtsunterschiede ... 48
- Paarung, Tragzeit und Eiablage ... 49
- Eizeitigung ... 52
- Schlupf und Aufzucht der Jungen ... 56

Weitere Informationen ... 58
Weiterführende und verwendete Literatur ... 60

Bildnachweis:
Titel: *P. m. merremius* (Weibchen) Foto: U. Schlüter
Kleines Bild: *P. m. merremius* (Männchen) Foto: U. Schlüter
Seite 1: *P. m. merremius* (Männchen) Foto: U. Schlüter

ISBN 978-3-86659-145-5

An der Kleimannbrücke 39/41
48157 Münster
www.ms-verlag.de

Geschäftsführung: Matthias Schmidt
Lektorat: Mike Zawadzki & Heiko Werning
Layout: Barbara Schmücker
Druck: Druckhaus Fromm, Osnabrück

Vorwort

MAUEReidechsen bilden die 21 Arten umfassende Gattung *Podarcis* innerhalb der Familie der Echten Eidechsen (Lacertidae). Unsere einheimische Mauereidechse (*Podarcis muralis*) ist die bekannteste Art der Gattung. Der wissenschaftliche Name setzt sich aus dem griechischen Wort „podarkés" für „schnellfüßig" und dem lateinischen „muralis" mit der Bedeutung „in oder an Mauern lebend" zusammen und charakterisiert die Art recht gut.

Diese grazilen und flinken Sonnenanbeter sind für die Terrarienhaltung insofern gut geeignet, als sie eine gewisse Lebhaftigkeit in das Terrarium bringen. Stets erklettern sie geschickt und neugierig die entlegensten Winkel des Terrariums, sei es auf der Suche nach Futter, einem Sexualpartner oder einfach nur dem besten Sonnenplatz. Da sie bei guter Pflege nicht nur lange im Terrarium ausdauern, sondern sich auch mehrmals im Jahr fortpflanzen, lässt dies die Mauereidechse auch nach über 120 Jahren Terrariengeschichte nicht minder attraktiv erscheinen.

Bei dem großen Verbreitungsgebiet und ihrer Formenvielfalt ist es nicht verwunderlich, dass es entsprechend viel Literatur zu *Podarcis muralis* gibt. Leider kann diese im vorgegebenen Rahmen dieses Buches nicht annähernd erschöpfend dargestellt werden. Der Schwerpunkt wurde daher auf die wesentlichen Aspekte der Ökologie und Fortpflanzungsbiologie gelegt mit Schwerpunkt Terrarienhaltung. Zur Nachzucht gibt es überraschenderweise nur wenige Berichte (Horn 1976; Fenske & Kretzschmar 1994; Jungnickel 2008).

Da die Mauereidechse streng geschützt ist, kann man heute in der Regel nur Nachzuchten erwerben. Diese stammen überwiegend aus kontinuierlichen Zuchtbeständen, die auf Importe bis etwa Anfang der 1980er-Jahre zurückge-

hen. Damals war es außerdem noch erlaubt, Eidechsen aus dem Urlaub mitzubringen. So konnte man rasch Erfahrungen mit einer Vielzahl von Arten und Unterarten sammeln und diese bei nachlassendem Interesse wieder in den Heimatgebieten aussetzen.

Eigene Erfahrungen in der Terrarienhaltung und Nachzucht beziehen sich vor allem auf *Podarcis m. brongniardii* aus den Pyrenäen, auf französische *P. m. merremius* sowie aus dem Zoofachhandel stammende italienische *P. m. maculiventris*. Dazu kommen natürlich zahlreiche Naturbeobachtungen an diversen deutschen Populationen sowie an *P. m. muralis* aus Österreich, Ungarn, Bulgarien und Rumänien sowie *P. m. nigriventris* aus Italien.

Die gewandten Mauereidechsen üben bis heute eine ungebrochene Faszination auf mich aus, die ich dem Leser vermitteln möchte. Ich danke allen, die zum Gelingen dieses Buches beigetragen haben.

Uwe Schlüter
Ronsdorf, im Frühjahr 2010

Prächtiges Mauereidechsenmännchen aus dem Schwarzwald Foto: B. Trapp

Beschreibung

DER Habitus der Mauereidechse ist schlank und abgeflacht. Die Kopf-Rumpf-Länge (KRL) kann ausnahmsweise bis zu 7,5 cm betragen, der Schwanz erreicht die 1,6- bis 2,25-fache KRL. Damit ergibt sich eine Gesamtlänge (GL) von maximal 22,5–23 cm. Die meisten Individuen erreichen aber kaum 20 cm GL. *Podarcis muralis* ist gegenüber anderen *Podarcis*-Arten oft nur schwer abgrenzbar. Auch die Unterscheidung von Gebirgs- und Felseidechsen (z. B. *Iberolacerta*, *Darevskia*) kann bei oberflächlicher Betrachtung Schwierigkeiten bereiten.

Die Kopfbeschildung ist normal. Der Pileus (Gesamtheit der die Kopfoberseite bedeckenden großen Schilde) schließt mit einem unpaaren Occipitale (Hinterhauptsschild) ab, beiderseits sind 4 Supraocularia (Überaugenschilde) vorhanden, die direkt an die angrenzenden Kopfschilde stoßen. Meist befinden sich 4 Supralabialia (Oberlippenschilde) vor dem Suboculare (Unteraugenschild), selten 3 oder 5. Das Rostrale (Schnauzenschild) stößt nur selten ans Nasenloch, meist ist es vom Frontonasale (Stirn-Nasen-Zwischenschild) getrennt. Es ist nur ein Postnasale (Hinternasenschild) vorhanden. Im Gegensatz zur Bergeidechse (*Zootoca vivipara*) hebt sich eine große Schuppe (Massetericum) deutlich von vielen kleineren Schuppen der Schläfengegend ab. Außerdem liegt bei *P. muralis* eine Körnchenschuppenreihe zwischen Supraocularia und Supraciliaria (Augenbrauenschilde), die bei *Z. vivipara* fehlt. Es sind 17–29 Gularia vorhanden. Das glattrandige Halsband (ge-

Kopfansicht eines Männchens von *P. m. merremius*
Foto: U. Schlüter

Mauereidechsen sind geschickte Kletterer und können selbst an Hauswänden entlanglaufen. Foto: B. Trapp

Männchen haben gut entwickelte Femoralporen. Foto: U. Schlüter

zackt bei *Lacerta* und *Zootoca*) besteht aus 7–13 Collaria. Die Rückenschuppen sind granulär, rundlich oder oval-sechseckig, mehr oder weniger deutlich gekielt und in 40–66 Längsreihen um die Körpermitte angeordnet. Die Bauchschilde setzen sich deutlich von den Flankenschuppen ab und sind in 6 Längs- und 23–32 Querreihen angeordnet. Auf den Oberschenkelunterseiten sind jeweils 12–27 Femoralporen vorhanden. Der Schwanz weist gleichmäßig sich verjüngende Schwanzwirtel auf, bei *Darevskia*, *Iberolacerta* u. a. Gebirgseidechsen wechseln schmale und breite Schuppenringe ab, aber deren Ausprägung ist regional unterschiedlich stark. Sowohl in ihrem Gesamtverbreitungsgebiet als auch innerhalb von Populationen treten starke Färbungs- und Zeichnungsunterschiede auf. Die Oberseite kann gräulich, hell- bis rotbraun, gelblich, hell- oder dunkelgrün grundiert sein. Auf dem Rücken befindet sich gewöhnlich eine mehr oder weniger vollständige schwarze Rückenmittellinie und/oder ein schwarzes Fleckenmuster, die besonders bei Männchen zu einem Netz zusammenfließen können. Von der oberen und unteren Kopfseite reichen mehr oder weniger deutlich ausgebildete weißliche bis gelbliche Linien entlang den Flanken bis zur Schwanzbasis, die sich dann als helle Fleckenreihen fortsetzen. Diese Linien sind besonders bei Weibchen und Jungtieren gut ausgebildet, während sie sich bei Männchen im Alter auflösen. Zwischen diesen Linien befindet sich ein

WUSSTEN SIE SCHON?

Früher wurden die Vertreter der Mauereidechsen noch in der „Sammelgattung" Lacerta geführt, weshalb die Mauereidechse in etwas älterer Literatur noch als „*Lacerta muralis*" bezeichnet wurde.

dunkles Flankenband, das oft helle Flecken und bei Männchen auch leuchtend blaue Achselflecken enthalten kann. Es kann auch ganz zu einem Netzmuster aufgelöst sein. Die Unterseite kann weiß, gelb, rosa, orange oder sogar ziegelrot gefärbt sein, wobei die intensiveren Farben häufiger bei Männchen vorkommen. Oft ist die Unterseite mehr oder weniger stark schwarz oder rostfarben gefleckt. Während die Zeichnung bei Weibchen meist zu Punkten reduziert und auf die Kehle und Bauchseiten beschränkt ist, weisen Männchen meist eine stärkere schwarze Fleckung bis hin zu einem schwarzen Linien- oder Netzmuster auf. Auf den Bauchrandschildchen sind bei Männchen, seltener bei Weibchen, himmelblaue Flecken vorhanden. Jungtiere haben im Gegensatz zu einigen anderen ähnlichen Arten (z. B. *Podarcis hispanicus*) niemals türkisblaue, sondern nur bräunliche oder gräuliche Schwänze (Gruschwitz & Böhme 1986; Diego-Rasilla 2004).

Bei Weibchen sind die Femoralporen weniger gut entwickelt. Foto: U. Schlüter

Jungtier auf einem Bahngleis in Landau in der Pfalz Foto: B. Trapp

Verbreitung und Unterarten

DIE Mauereidechse besiedelt das größte Areal ihrer Gattung. Die Verbreitung umfasst Nord- und Zentralspanien, Frankreich, Teile Belgiens, das südliche Mitteleuropa, die Apenninen-Halbinsel, Südosteuropa sowie die nordwestliche Türkei. Daneben existieren ausgesetzte Populationen von *P. muralis* in England, den USA (Ohio State Park, Clarksville, Indiana; Fort Thomas, Kentucky; Cincinnati, Ohio) und Kanada (Vancouver Island, British Columbia).

Es gibt zurzeit kein endgültiges Unterartenkonzept. Die geografische Variation der Mauereidechse ist aktuell Gegenstand wissenschaftlicher Untersuchungen (z. B. GASSERT 2005). Insbesondere mit Hilfe von DNA-Untersuchungen wird versucht, ein schlüssiges Bild der innerartlichen Variation und Evolution der Mauereidechse darzustellen. Zudem sind die genauen Verbreitungsgrenzen der Unterarten vielfach nur ungenügend bekannt. Neuste DNA-Untersuchungen zeigen bereits, dass das Unterartenkonzept von GRUSCHWITZ & BÖHME (1986) nicht aufrechterhalten werden kann (MAYER in WARNECKE 2005). Das hier vorgestellte Unterartenkonzept folgt SCHULTE (2008).

Podarcis muralis muralis: Nach SCHULTE (2008) lässt sich *P. m. albanicus* morphologisch nicht von *P. m. muralis* unterscheiden und ist somit als deren Synonym zu betrachten. Die Verbreitung umfasst somit Österreich südlich der Donau, die südliche Slowakei, Ungarn (Großraum Budapest, Borzsöny, Matra, Bükk, Zemplén, Mecsek-Gebirge), Ost-Slowenien, Kroatien (Ost-Slawonien und Gebirge), Serbien, Bosnien-Herzegowina, Montenegro, Albanien, Makedonien, Rumänien (Karpaten, Siebenbürgen, Banat, Südwest-Dobrudscha, Donautal), der Großteil Bulgariens, Griechenland (Festland und Peloponnes, Korfu) und die Türkei (Nordost-Anatolien, Insel Kefken). Die Höhenverbreitung reicht von Meereshöhe bis mindestens 2.200 m ü. NN.

Podarcis m. muralis ist eine grau- oder braunrückige Form mit schwarzem Flecken- oder Netzmuster, die sich morphologisch nur unbefriedigend von *P. m. merremius* und *P. m. brongniardii* abgrenzen lässt. Der

Bauch ist gewöhnlich gefleckt, Individuen vom Balkan zeigen eine stärkere Bauchfleckung und häufiger rötliche Bauchseiten bei den Männchen.

Podarcis muralis brongniardii: Diese Unterart kommt in Nordwest-Spanien (Kantabrisches Gebirge und vorgelagerte Inseln), den Hochlagen der Pyrenäen, Andorra, West- und Mittel-Frankreich mit vorgelagerten Inseln, Jersey, und Belgien (Maas und Nebentäler, oder *P. m. merremius*?) vor, jedoch nicht in Deutschland und in den Niederlanden. Die Grenze zur östlichen Unterart *P. m. merremius* ist unklar. In den Pyrenäen wird eine Höhe von mindestens 2.700 m ü. NN erreicht.

Podarcis m. brongniardii ist eine großwüchsige, meist braunrückige Unterart mit zahlreichen dunklen Zeichnungselementen, mitunter aber auch mit dunkelgrüner Rückenfärbung oder leicht grünlichem Schimmer. Die

WUSSTEN SIE SCHON?

Die Schreibweise *brongniardii* entspricht der Originalbeschreibung von DAUDIN (1802). Der Artname hat leider in der Literatur zahlreiche Abwandlungen erfahren, die bis in die neuste Zeit reichen (z. B. „*brogniardi*“ in SCHULTE 2008).

***Podarcis muralis maculiventris* (Ost)** Foto: U. Schlüter

***Podarcis muralis merremius* (Weibchen)** Foto: U. Schlüter

***Podarcis muralis merremius* (Männchen)** Foto: U. Schlüter

Inselpopulationen sind variabler gefärbt und teilweise stärker verdunkelt.

Podarcis muralis merremius: Besiedelt werden Montanrelikte in Zentral- und Ostspanien (Sierra de Guadarrama, Peñagolosa-Gebirge/Castellon, Ost-Pyrenäen, Montseny), das mediterrane Süd-Frankreich und das Rhônetal, West-Schweiz, Luxemburg, Belgien, Niederlande (Maastricht) und Deutschland (Bodensee, Rhein und Nebentäler [Neckar, Nahe, Ems, Ahr, Mosel, Saar] bis zum Raum Bonn, Vennvorland, Eifel [Gassert 2005]). An diversen Stellen in Deutschland wurde sie ausgesetzt (Schlüter 2008; Schulte et al. 2008). Die Höhenverbreitung erreicht mindestens 2.000 m ü. NN in den Pyrenäen.

Diese oft kleinwüchsige und oberseits fahl gefärbte, gräuliche oder bräunliche Unterart ist mediterran adaptiert. Sie weist häufig reduzierte Zeichnungselemente auf, ist unterseits oft gelblich, orange oder rötlich gefärbt, aber nur schwach schwarz gefleckt. Die Maastrichter Population zeigt jedoch eine stärkere Bauchfleckung.

Podarcis muralis maculiventris: Die Verbreitung umfasst die Südschweiz (Tessin), West-Österreich (Inntal), Oberitalien (Piemont, Lombardei, Venetien, Friaul-Julisch-Venetien, Trentino-Tiroler Etschland, den Norden der Emilia-Romagna), West-Slowenien und Nordwest-Kroatien (West-Istrien, Cres). In Deutschland kommt sie in Oberaudorf in Oberbayern vor, weitere Vorkommen beruhen auf Aussetzung. Diese Unterart besiedelt Höhen bis mindestens 1.700 m ü. NN und zeichnet sich durch eine stark schwarz gefleckte Unterseite aus. Bezüglich der Rückenfärbung treten zwei Phänotypen auf: eine braune Form im Westen des Verbreitungsgebietes und eine grünrückige Form im Ostteil (östliche Poebene bis Kroatien, oft Netzmuster bei Männchen).

Pärchen von *Podarcis muralis nigriventris* Foto: M. Zill

Podarcis muralis nigriventris: Diese kräftige Unterart kommt in Ligurien, der Toskana, Latium und entlang der Küste bis in den Raum Neapel vor. Hierzu sind auch die Populationen von Elba und den benachbarten Inseln (u. a. Palmajola, Topi, Scuola, Pianosa, Gorgona) sowie den toskanischen Halbinseln Monte Argentario und Monte Massoncello zu rechnen. Ausgesetzt wurde diese Unterart in Deutschland unter anderem bei Passau, Freiburg, Mannheim und Dresden sowie in Schärding/Österreich. Besiedelt werden meist nur niedere Höhenlagen bis etwa 250 m ü. NN. Charakteristisch ist eine gelblich bräunliche (z. B. Inselformen, Halbinseln) bis dunkelgrüne Rückenfärbung mit schwarzer Netzzeichnung und zum Süden hin zunehmender schwarzer Bauchfleckung.

Podarcis muralis breviceps: Diese kleinwüchsige Unterart besiedelt den Süden der Apenninen-Halbinsel (Kalabrien, Basilicata, südliches Kampanien) einschließlich des Monte Gargano in Apulien in Höhen über 700 m und zeigt eine Tendenz zu stumpf gerundetem Kopf und schwach gesägtem Halsband.

Klimaansprüche und Lebensräume

PODARCIS *muralis* lebt vorwiegend in Gebieten mit atlantischem und sub- bis mediterranem Makroklima. Besonders im Gebirge oder am Nordrand der Verbreitung sind aber die mikroklimatischen Bedingungen des Habitats ausschlaggebend für ihr Vorkommen. An sonnigen, südexponierten und wärmespeichernden Lagen herrschen weitaus günstigere Lebensbedingungen als in der weitläufigen Umgebung, die ihnen dort ihr Fortbestehen ermöglichen. So kann sich jede Unterart auch in Deutschland in der Natur fortpflanzen.

Die folgenden, makroklimatischen Temperaturangaben nach MÜLLER (1996) sind als Orientierungswerte zu verstehen. Die wärmeliebendste Unterart ist *P. muralis nigriventris*, die in Gebieten mit winterfeuchtem und sommertrockenem mediterranem Klima vorkommt. Die Jahresdurchschnittstemperaturen liegen bei 14,5–16 °C. Im Sommer betragen die durchschnittlichen Temperaturmaxima 30–31 °C, die durchschnittlichen Minima 19–20 °C. Im Winter liegen die durchschnittlichen Maxima bei 8–11 °C, die Minima bei 2–4 °C. *Podarcis m. merremius*, *P. m. maculiventris* und südost-

Überwachsene Mauern im Mittelmeerraum bieten Mauereidechsen Unterschlupf.
Foto: U. Schlüter

europäische *P. m. muralis* leben in Gebieten mit submediterranem bis mediterranem Klima. Die Jahresdurchschnittstemperatur beträgt 9–15 °C (Deutschland/Südfrankreich) entsprechend mit durchschnittlichen Maximal-/Minimalwerten von etwa 11–18/22–27 °C im Sommer und 0–4/3–13 °C im Winter. *Podarcis m. brongniardii* und die nördlichen Populationen von *P. m. muralis* sind atlantisch bis kontinental adaptiert und am wenigsten kälteempfindlich. Die Jahresdurchschnittstemperaturen liegen gewöhnlich zwischen 8 und 11,5 °C (Mitteleuropa, Südost-Europa) bzw. 14 °C (in Nordspanien). Im Verbreitungsgebiet dieser Unterarten sind vor allem die durchschnittlichen winterlichen Minima mit 0 bis -5 °C deutlich geringer, es können absolut Temperaturen von unter -20 °C auftreten.

Die Mauereidechse besiedelt eine Vielzahl unterschiedlicher Lebensräume. Hierbei gilt, dass im nördlichen Teil des Verbreitungsgebietes vor allem trockenwarme, sonnige, gut drainierende und felsige Lagen (besonders Schiefer) mit genügend Nischenreichtum bevorzugt werden, während im Süden das Habitatspektrum größer ist und die Art auch in feuchteren und sogar beschatteten Bereichen in Waldgebieten vorkommt.

Südeuropäisches Felshabitat Foto: U. Schlüter

Eine Mauereidechse in ihrem Lebensraum in den Abruzzen, Italien Foto: B. Trapp

Ursprünglich bewohnte die Mauereidechse wohl nur sonnenexponierte Felsen, Geröllhalden, gerölldurchsetzte Trockenrasen, Abbruchkanten, lichte Steppenheide- und Eichenwälder (Felsflächen, Baumstämme, Totholzhaufen), Steilküsten und die felsige Brandungszone des Meeres, seltener sandiges Dünengelände sowie Kiesbänke entlang von Flüssen. Die Entwicklung der heutigen Kulturlandschaft hat vielfach zu einem Verlust dieser Primärhabitate geführt, sodass heute anthropogen geprägte Sekundärbiotope mit südlicher Ausrichtung die bevorzugten Habitate darstellen. Hierzu gehören Weinbergmauern, Ruinen historischer Bauwerke (Burgen, Thermen, Amphitheater, Brücken, Stadtmauern), Hafen-, Haus-, Garten- und Friedhofsmauern, Steinbrüche und Kiesgruben, Bahndämme, Ruderalflächen auf Industriebrachen, Halden, Uferbefestigungen (Grauwacke- und Basaltblöcke), Dämme, Stützmauern und Steinschüttungen sowie Holzstapel. Die letztgenannten Habitate werden besonders in neuerer Zeit im Ruhrgebiet besiedelt und ermöglichen stellenweise eine starke Ausbreitung aufgrund vernetzter Strukturen.

Von ausschlaggebender Bedeutung in den Habitaten sind neben Sonnenplätzen insbesondere tiefe Fels- und Mauerspalten als Verstecke und Überwinterungsorte sowie ein Deckungsgrad von 10–40 % mit Vegetation für ein ausreichendes Nahrungsangebot. Alternativ oder ergänzend werden auch Grasflächen vor Mauern zur Nahrungsaufnahme aufgesucht (Rollinat 1934; Dexel 1986; Street 1979; Fuhrmann 2003).

Mauereidechsenmännchen auf einem Bahngleis in Landau in der Pfalz Foto: B. Trapp

Lebensraum von *Podarcis muralis* in den Abruzzen, Italien Foto: B. Trapp

Lebensweise und Verhalten

Im Vergleich zu Fels- und Gebirgseidechsen (z. B. *Iberolacerta*, *Darevskia*, *Dinarolacerta*) ist *Podarcis muralis* eine robustere und weniger spezialisierte Art, die zwar vorwiegend eine kletternde Lebensweise führt, aber auch regelmäßig am Boden anzutreffen ist. Kommt sie mit Arten oben genannter Gattungen gemeinsam vor, findet man sie gewöhnlich an weniger steilen und glatten Felsflächen. Außerdem klettert sie meist nicht so hoch über dem Erdboden. Felseidechsen können sich an solchen Habitatstrukturen weitaus sicherer fortbewegen.

Freie Felsflächen in Waldgebieten stellen den Lebensraum der Mauereidechse dar.
Foto: U. Schlüter

Aktivität und Thermoregulation

Nördlich der Alpen beginnt die jährliche Aktivität meist im März oder April, bei günstiger Wetterlage auch schon im Februar. Auch Winteraktivität wurde beobachtet. Bei Populationen, die in mediterranem Klima leben, ist die Winterruhe nur kurz, oft unterbrochen oder kann ganz entfallen. Dabei zeigen vor allem Männchen eine ausgedehntere Aktivitätsperiode als Weibchen, die in der Regel 2–4 Wochen nach den Männchen die Winterquartiere verlassen. Subadulte Individuen treten noch später auf. Winteraktivität kann schon bei geringen Lufttemperaturen

(1–3 °C) stattfinden, sofern die Oberflächentemperatur etwa 14–15 °C aufweist. Die Jahresaktivitätsperiode dauert gewöhnlich bis Anfang Oktober, bei guter Wetterlage kann sie sich bis Ende November ausdehnen (ROLLINAT 1934; DEXEL 1986; WEBER 1957; STREET 1979). Die tägliche Aktivität der sonnenliebenden Art erstreckt sich – natürlich in Abhängigkeit vom Wetter – im Frühjahr und Herbst über den ganzen Tag, während sie sich im Sommer auf den Vormittag (Maximum 8–10 Uhr) und Nachmittag (Maximum 15–18 Uhr) beschränkt. Mauereidechsen beginnen den Tag mit einer Aufwärmphase bis die Aktivitätstemperatur erreicht ist. Anschließend widmen sie sich der Nahrungsaufnahme, Revier- und Paarungsaktivitäten. Es gibt verschiedene Untersuchungen zur Bestimmung der Aktivitäts- bzw. Vorzugstemperaturen, die unterschiedliche Ergebnisse geliefert haben. Möglicherweise sind Unterschiede zwischen den Unterarten die Ursache. Danach weisen aktive Individuen Körpertemperaturen von 23,3–38 °C bzw. 26–37,4 °C in Asturien/Spanien auf, optimal sind 35,45 °C (JI & BRAÑA 2000).

WUSSTEN SIE SCHON?

Wie alle Reptilien ist auch die Mauereidechse ein poikilothermes (wechselwarmes) Tier, deren Körpertemperatur von der jeweiligen Umgebungstemperatur abhängig ist. Durch das Aufsuchen von Sonne und Schatten reguliert die Mauereidechse ihre Körpertemperatur, um die für die Stoffwechselvorgänge optimalen Werte zu erlangen. Aus diesem Grunde ist es wichtig, den Eidechsen auch im Terrarium sowohl Sonnenplätze als auch schattige und kühlere Stellen anzubieten.

Mauereidechsenweibchen aus dem Schwarzwald Foto: B. Trapp

Nach anderen Autoren beträgt die Vorzugstemperatur 33,4 °C bzw. 33,8 °C (JI & BRAÑA 1999; VAN DAMME et al. 1992), 32,95 °C oder gar 38,5/38,7 °C (GRUSCHWITZ & BÖHME 1986). Bei höheren Temperaturen suchen die Eidechsen kühlere Stellen (Schatten, Schlupflöcher) auf, bei tieferen Temperaturen regulieren sie die Körpertemperatur durch Sonnenbaden. Beim Sonnenbaden kann man häufig das Treteln, ein schnelles, ruckartiges Auf- und Niederbewegen der Vordergliedmaßen, beobachten. Bei Substrattemperaturen unter 15 °C sollen sie sich stets in ihren Verstecken aufhalten.

Bemerkenswert ist, dass trächtige Weibchen signifikant niedrigere Temperaturen als Männchen und nicht trächtige Weibchen bevorzugen, was wahrscheinlich mit der optimalen Temperatur für die Embryonalentwicklung (26–28 °C) zusammenhängt (BRAÑA 1993; BRAÑA & JI 2000).

Jagdverhalten und Nahrung

Nach der morgendlichen Aufwärmphase begeben sich die Mauereidechsen aktiv auf Nahrungssuche. Dazu werden gründlich allerlei Spalten und Ritzen untersucht,

***P. m. muralis* beim Sonnenbad**
Foto: B. Trapp

vielfach trifft man sie auf der Jagd aber auch in der Vegetation an. Ich habe Mauereidechsen sogar in etwa 50 cm hohem Gras kletternd angetroffen. Dazu wird natürlich auch Lauerjagd praktiziert.

In der Natur variiert die Nahrungszusammensetzung regional und saisonal aufgrund des unterschiedlichen Beuteangebots beträchtlich, wobei *Podarcis muralis* keine deutlichen Vorzüge zeigt. Meist besteht der Hauptanteil aus diversen Insekten wie Fliegen, Mücken, Bienen, Ameisen, Heuschrecken, Käfern, Schmetterlingsraupen und Springschwänzen. Daneben werden regelmäßig Spinnentiere, Asseln, Tausendfüßer, kleine Regenwürmer und an der Meeresküste auch kleinere Krustentiere (Flohkrebse) verzehrt. Sogar Kannibalismus kann vorkommen. Die Größe der Beutetiere beträgt dabei in der Regel 1–59 mm. Der Anteil an pflanzlicher Nahrung ist oft nur gering. Verzehrt werden gelegentlich vor allem süße Früchte wie Feigen und Weintrauben sowie Samen (Gruschwitz & Böhme 1986; Diego Rasilla 2004).

Sozialverhalten und Feinde

Die Individuendichte ist in hohem Maße von der Habitatstruktur sowie Schwankungen in der Reproduktionsrate abhängig. Kleinere Inseln oder Mauern mit reichlichem Nahrungsangebot weisen oft einen starken Besatz auf. Diego Rasilla (2004) nennt z. B. 3.000 Individuen/ha für Inseln vor der Kantabrischen Küste. Auch im Ruhrgebiet kommen stellenweise nach eigenen Beobachtungen 5–6 Individuen/m^2 (vor allem Weibchen) vor. Aus dem Siebengebirge und dem Kantabrischen Gebirge sind hingegen Individuendichten von 100 bzw. 66,4–187,5 Individuen/ha bekannt (Dexel 1986; Diego Rasilla 2004). Die Größe der Aktionsräume ist innerhalb des Verbreitungsgebietes dagegen nur geringen Schwankungen unterworfen. Sie liegt gewöhnlich bei

6–52 m^2, wobei Männchen (durchschnittlich um 26 m^2) über geringfügig größere Aktionsräume als Weibchen (durchschnittlich um 23 m^2) verfügen. Meist überlappen sich die Aktionsräume mehrerer Individuen zumindest teilweise, besonders stark die der Weibchen untereinander bzw. die der Männchen und Weibchen. In kleinräumigen, dicht besiedelten Habitaten sind die Überlappungen natürlich am größten.

Vor allem die aggressiveren Männchen bilden zur Fortpflanzungszeit Reviere, d. h., sie verteidigen Teile des Aktionsraumes rigoros gegen eindringende Männchen. Bei den folgenden Auseinandersetzungen umfasst das Imponierverhalten der Männchen Anheben und Krümmen des Körpers bei durchgestreckten Vorderbeinen, Senken der Schnauze, Aufblähen der Kehle und seitliches Abflachen des Rumpfes. Durch letztere Gebärden kommen besondere Farbmerkmale der Männchen (Kehlfärbung, blaue Bauchrandschilde) besonders gut zur Geltung. Entfernt sich das unterlegene Männchen nicht, folgen heftige Beißereien. Spätestens dann ist das schwächere Männchen zur Flucht gezwungen, wobei es aber noch vom Sieger bis zur Reviergrenze verfolgt wird. Kämpfe unter Weibchen und zwischen den Geschlechtern sind weniger häufig, und es treten fast nie Bissverletzungen auf (Weber 1957).

In dicht besiedelten Habitaten ist ein Abwandern, vor allem von subadulten Männchen und Jungen, die unter suboptimalen Bedingungen leben, zu beobachten. Dabei werden häufig Di-

Juveniles Tier auf einem Bahngleis
Foto: B. Trapp

stanzen von 100 m und mehr zurückgelegt. Die Geschwindigkeiten sind dabei recht beachtlich. So sind Wanderungen von 70 m innerhalb von 90 Minuten belegt (Strijbosch et al. 1980).

In vielen Populationen überwiegen die Weibchen gegenüber den Männchen. Dies scheint durch die höhere Aggressivität der Männchen untereinander bedingt zu sein sowie durch den höheren Feinddruck, dem sie durch verstärkte Aktivitäten ausgesetzt sind. Dies findet seine Ursache aber auch in der Habitatstruktur.

Die Altersstruktur einer Population ist starken jährlichen Schwankungen unterworfen und besonders vom Reproduktionserfolg, d. h. dem Anteil junger und heranwachsender Individuen abhängig. Dies zeigt sich besonders am Nordrand der Verbreitung. Hier überwiegen nach guten Sommern die jüngeren Altersgruppen, während es bei suboptimalen Wetterbedingungen zu einem Überwiegen der höheren Altersgruppen kommt. Im Bereich mit mediterranem Klima zeigt sich hingegen kaum eine solche Abhängigkeit, vielmehr beeinflusst hier der Feinddruck die Altersstruktur der

Dolichophis caspius **ist ein häufiger Fressfeind der Mauereidechse in Südosteuropa.** Foto: U. Schlüter

Auch *Coronella girondica* stellt der Mauereidechse nach. Foto: U. Schlüter

Population zugunsten jüngerer Altersklassen (Gruschwitz & Böhme 1986; Street 1979).

Innerhalb ihres großen Areals kommen Mauereidechsen mit vielen anderen Reptilienarten gemeinsam im selben Habitat vor. Dazu gehören regelmäßig Smaragdeidechsen (*Lacerta viridis*, *L. bilineata*), in Teilen des

Areals z. B. *Podarcis siculus*, *P. hispanicus*, *Iberolacerta* spp., *Dinarolacerta mosorensis*, *Dalmatolacerta oyxcephala*, *Darevskia praticola pontica*, *Timon lepidus*, *Psammodromus jeanneae*, *Ablepharus kitaibelii*, *Anguis fragilis*, *Tarentola mauritanica* oder *Hemidactylus turcicus*. Mauereidechsen haben zahlreiche Fressfeinde. Dazu gehören Schlangen (z. B. *Malpolon monspessulanus*, *Dolichophis caspius*, *Hierophis viridiflavus*, *Coronella austriaca*, *C. girondica*, *Zamenis longissimus*, *Rhinechis scalaris*, *Vipera seoanei*, *V. aspis*, *V. ammodytes*), diverse Greifvögel, aber auch der Neuntöter (*Lanius collurio*), Raubwürger (*Lanius excubitor*),

Fortpflanzung in der Natur

DIE Paarungszeit beginnt kurz nach Beendigung der Winterruhe. Im Süden des Verbreitungsgebietes mag sie schon im Februar beginnen, gewöhnlich dauert sie aber von April bis Ende Juni, seltener bis Mitte August. Die Männchen sind zu dieser Zeit besonders unverträglich. Sie bilden Reviere, in denen meist mehrere Weibchen leben. Während der Balz zeigen die Männchen ihr typisches Imponierverhalten (vgl. Kapitel „Paarung, Tragzeit und Eiablage"). Die Geschlechtspartner können auch nach der Paarung noch bis in den Herbst zusammen bleiben. Die Gelege werden etwa vier Wochen nach der Kopulation abgesetzt, meist zwischen Ende April und Ende Juni. Die 2–12 Eier werden sorgfältig am Ende eines etwa 10–20 cm tiefen Loches vergraben, seltener werden sie tief in feuchte Mauerlöcher, Felsspalten oder unter Steinen am Erdboden deponiert. In der Regel werden 2–3 Gelege pro Jahr produziert. Je nach Wetterlage und Ernährungszustand des Weibchens liegen zwischen dem ersten und zweiten Gelege (mit 3–12 Eiern) 17–55 Tage, zwischen dem zweiten und dritten Gelege (mit 2–6 Eiern) 19–32 Tage. Unter günstigen klimatischen Bedingungen sollen bis zu sechs Eiablagen möglich sein, andererseits wird unter ungünstigen klimatischen Bedingungen wie höheren Gebirgslagen auch nur ein einige Marderarten, Spitzmäuse, Wanderratten, Katzen und – für Jungtiere – die Spinne *Nuctenea umbratica* sowie die Gottesanbeterin (*Mantis religiosa*).

Fressfeinden versucht sich *Podarcis muralis* neben Tarnung in erster Linie durch schnelle Flucht zu entziehen. Im äußersten Notfall können Mauereidechsen ihren Schwanz oder Teile davon abwerfen (Autotomie), der dann zuckende Bewegungen ausführt und die Aufmerksamkeit des Feindes darauf fixieren soll. Die Regeneration des Schwanzes dauert mehrere Wochen (ROLLINAT 1934; STREET 1979; GRUSCHWITZ & BÖHME 1986; DIEGO RASILLA 2004).

Gelege abgesetzt. Im Freiland dauert die Inkubationszeit 6–11 Wochen. Schlüpflinge tauchen in der Natur von Ende Juli bis Anfang September, ausnahmsweise noch im Oktober auf und weisen eine KRL von 19–27 mm bei einer Gesamtlänge von 50–67 mm auf. Sie erlangen gewöhnlich im zweiten Frühjahr die Geschlechtsreife, in Asturien bereits nach 12 Monaten. In der Natur erreichen die meisten Individuen nur ein Alter von 4–6 Jahren (ROLLINAT 1934; WEBER 1957; COOPER 1965; WEBER 1957; STREET 1979; GRUSCHWITZ & BÖHME 1986; JI & BRAÑA 1999, 2000; BRAÑA & JI 2000; DIEGO RASILLA 2004).

Mauereidechsenpärchen auf einem Bahngleis in Landau (Pfalz)
Foto: B. Trapp

Podarcis muralis (Weibchen) vom Tuniberg am Kaiserstuhl Foto: B. Trapp

Gefährdung und Schutz

ALS Hauptgefährdungsursache im Norden des Verbreitungsgebietes nimmt man die Isolation vieler Kleinstpopulationen an. Beeinträchtigung und Zerstörung wichtiger Habitatstrukturen können hier schnell zum Erlöschen von Populationen führen. Dies kann geschehen z. B. durch Insektizideinsatz im Weinbau, die Flurbereinigung von Weinbergen (Zumörteln von Mauern, Ersatz durch Betonmauern), fugendichte Sanierung von Burgruinen, Uferbefestigungen oder Stützmauern entlang von Verkehrswegen, zunehmende Verbuschung und Wiederbewaldung von Refugialräumen, Klettertourismus in Steinbrüchen, diverse Rekultivierungsmaßnahmen von Abraumhalden, Steinschüttungen, Bebauungen von Ruderalflächen und Beschattungen von Habitaten durch Baumaßnahmen. Der Reproduktionserfolg wird außerdem durch das Klima beeinflusst. Mehrere kalte Sommer mit wenigen Sonnentagen können zu deutlichem Bestandsrückgang führen.

Maßnahmen zum Schutz der Art sollten also in erster Linie die Erhaltung und Sicherung (Ausweisung als Naturschutzgebiet) trockenwarmer Primärstandorte wie offene Felsbildungen, natürliche Block- und Geröllhalden oder gerölldurchsetzte Trockenrasen umfassen, außerdem den Verzicht auf Insektizideinsatz im Weinbau und an Bahndämmen, die Erhaltung und Pflege (Offenhaltung) brachliegender Sekundärstandorte wie Steinbrüche, Bahndämme, Straßen- und Wegränder in Verbindung mit entsprechender Öffentlichkeitsarbeit sowie Neuanlage geeigneter Habitate auch im privaten Bereich (FUHRMANN 2003; GRUSCHWITZ & BÖHME 1986).

Gesetzliche Bestimmungen stellen die Mauereidechse in vielen Ländern unter Schutz. In Deutschland gilt sie als stark gefährdet (Rote Liste: Status 2). Nach der Bundesartenschutzverordnung (BArtSchV §1, Satz 1) gehört sie zu den besonders geschützten Arten. Es ist insbesondere verboten, dieser Art nachzustellen, sie anzulocken, zu fangen und zu töten (§4). Außerdem stellt die Fauna-Flora-Habitat-Richtlinie der EU *Podarcis muralis* unter strengen

Beispiel für die Zerstörung eines Mauereidechsenhabitats in Deutschland (Holzwickede)
Foto: U. Schlüter

Schutz (FFH-Anhang IV). Der Natur entnommene Individuen dürfen nicht ohne Genehmigung der zuständigen Landesbehörde gehalten oder an einen anderen Standort gebracht werden. Darüber hinaus besteht für Wildexemplare ein Schaustellungs- und Vermarktungsverbot. Eine Haltung ist bei Nachzuchttieren ohne Genehmigung zulässig, jedoch gegenüber der zuständigen Landesbehörde meldepflichtig. Auch Bestandsveränderungen, wie Zugänge oder Abgänge, sind sofort zu melden. Darüber hinaus kann die zuständige Behörde verlangen, dass der rechtmäßige Erwerb der Tiere nachgewiesen wird. Es gilt hierbei der Grundsatz der freien Beweisführung. Deshalb sollten sämtliche Belege über den Erwerb aufgehoben werden. Als Nachweis können z. B. Einfuhrdokumente, Bescheinigungen des Züchters oder Verkäufers, behördliche Meldebestätigungen und CITES-Bescheinigungen dienen.

Da sich die Bestimmungen zur Haltung gefährdeter Arten öfters ändern, informiere man sich vor der Anschaffung über die aktuellen gesetzlichen Bestimmungen, z. B. bei der DGHT (siehe „Weitere Informationen“).

Pflege im Terrarium

BEI der Pflege von Mauereidechsen ist neben den vorgenannten Gesetzen auch das Tierschutzgesetz zu beachten. Danach muss unter anderem jedes Tier seiner Art und seinen Bedürfnissen entsprechend angemessen ernährt, gepflegt und verhaltensgerecht untergebracht werden. Die Tiere dürfen in ihrer Möglichkeit zur Bewegung nicht so eingeschränkt werden, dass ihnen Schmerzen, vermeidbare Leiden oder Schäden zugefügt werden (§2). Die folgenden Abschnitte sollen dem angehenden Pfleger die dazu notwendigen Kenntnisse vor der Anschaffung vermitteln.

WUSSTEN SIE SCHON?

In Kleinanzeigen tauchen oftmals für Anfänger verwirrende Abkürzungen und Zahlenkombinationen wie z. B. „1,1,3 *Podarcis muralis* NZ 08“ auf. Hierbei steht die erste Zahl für die Anzahl der Männchen, die Zahl nach dem Komma für die Anzahl der Weibchen und die dritte Zahl für die Anzahl von Tieren unbekannten Geschlechts (meist Jungtiere). Das Kürzel „NZ 08“ gibt an, dass es sich um Nachzuchten aus dem Jahr 2008 handelt. Bei dem Bespiel handelt es sich also um ein Männchen, ein Weibchen sowie drei Tiere unbekannten Geschlechts, die aus einer Nachzucht aus dem Jahr 2008 stammen.

Erwerb, Transport und Quarantäne

Nachzuchten von Mauereidechsen erhält man in erster Linie über den Zoofachhandel oder über Kleinanzeigen im Internet (z. B. www.reptilia.de), wo private Züchter inserieren, sowie auf Terraristikbörsen.

Durch den Erwerb von Nachzuchten sind natürlich viele Risiken gesundheitlicher Art, die mit Wildfängen verbunden wären, ausgeschlossen. Trotzdem sollte man beim Erwerb auch hierbei zunächst den äußeren Gesamteindruck, also Ernährungszustand und Bewegungsfähigkeit, überprüfen, dann sind Haut und gegebenenfalls die Mundschleimhäute zu untersuchen. Schließlich sollte man sich auch nach der Futterannahme und dem Herkunftsland erkundigen.

Vor dem Kauf achte man also darauf, dass Wirbelsäule und Beckenknochen nicht hervorstehen, auch darf die Schwanzwurzelregion nicht eingefallen sein (Zeichen von Mangelernährung und Austrocknung). Der Körper sollte keine Deformationen (Zeichen von Osteomalazie oder Rachitis), Ektoparasiten (Zecken, Milben), Hautschwellungen oder Verletzungen, besonders am Maul, aufweisen (Infektionsgefahr, Gefahr von Maulfäule). Die Atmung sollte ruhig und gleichmäßig bei geschlossenem Maul erfolgen, und es sollten sich keine Schaumbläschen vor den Nasenöffnungen bilden (Zeichen von Erkältungskrankheiten). Die Augen müssen klar sein und dürfen nicht verklebt, gerötet, getrübt, geschwollen oder eingefallen sind (Zeichen von Allgemeinerkrankung). Allgemein sollten die Eidechsen lebhaft sein, keinesfalls apathisch mit geschlossenen Augen herumliegen oder atypische Bewegungen ausführen (Zeichen von großer Schwäche, oft Todeskandidaten).

Der **Transport** von erwachsenen Mauereidechsen sollte möglichst einzeln in Grillendosen erfolgen, Jungtiere transportiert man am besten in stabilen, ausgedienten, gesäuberten, gläsernen Gewürzstreuern. Bei kühlen Transporttemperaturen unter 18 °C sollte eine Wärmflasche oder eine thermostabile Verpackung (z. B. Styroporbox) verwendet werden, um Erkältungskrankheiten durch stärkere Temperaturschwankungen oder Zugluft vorzubeugen.

Besonders wichtig ist die Einhaltung einer Quarantäne.

Jungtiere in gläsernem Gewürzstreuer Foto: U. Schlüter

Adulte Mauereidechse in Transportdose Foto: U. Schlüter

DER PRAXISTIPP

Der Fachhandel bietet viele verschiedene Fertigterrarien in Glasbauweise an, die für die Haltung von Mauereidechsen gut geeignet sind. Diese weisen in aller Regel einen Belüftungstreifen aus Gaze oder Lochblech im Deckel oder im oberen Drittel der Rückwand sowie an der Vorderseite unter den Schiebescheiben auf. Wer handwerklich geschickt ist, kann natürlich auch nach seinen eigenen Vorstellungen ein Terrarium bauen. Natürlich ist auch hier bei der Planung zu berücksichtigen, dass das Terrarium eine ausreichende Höhe aufweisen muss, da Mauereidechsen sehr gerne klettern.

Neu erworbene Tiere sollten vorsichtshalber zunächst für 6–8 Wochen in einem separaten Quarantäneterrarium untergebracht und aufmerksam beobachtet werden. Dabei sind vor allem hygienische Belange in den Vordergrund zu stellen wie leichte Reinigungs- und Desinfektionsmöglichkeit des Behälters, weniger Ausstattung oder Einrichtung des Terrariums. Nur durch die strikte Einhaltung einer Quarantäne kann man das Einschleppen von Parasiten (besonders Milben) und anderen Krankheitskeimen in eine bestehende Zuchtgruppe vermeiden. Routinemäßig sollte man daher eine Kotprobe zur Untersuchung auf Parasitenbefall (Würmer, Amöben, Flagellaten) an eine der unter „Weitere Informationen“ genannten Untersuchungsstellen schicken. Ist das Untersuchungsergebnis negativ, so schickt man am besten zur Sicherheit nach 3–4 Wochen eine weitere Probe ein. Erst wenn auch dieses Untersuchungsergebnis negativ ist, also keine Innenparasiten nachgewiesen wurden, und zudem keine Hautparasiten mehr vorhanden sind und sich die Mauereidechsen in gutem Allgemeinzustand befinden, können sie in ihr endgültiges Terrarium überführt werden.

Styropor-Transportbehälter Foto: U. Schlüter

Terrarieneinrichtung und -klima

Aufgrund der Aggressivität zwischen den Männchen empfiehlt sich eine paarweise Haltung oder ein Männchen zusammen mit 2–3 Weibchen. Diese benötigen ein Terrarium mit den Mindestmaßen 70 cm x 40 cm x 70 cm (L x B x H). Größere Terrarien sind immer zu empfehlen. Der Bodengrund (ca. 5–8 cm hoch) sollte aus Sand oder einem Sand-Lehm-Gemisch bestehen. Wichtigstes Einrichtungselement ist ein Steinaufbau aus Natursteinen (einsturzsicher mit Silikonkleber verklebt!) oder selbst modellierten Kunststeinen aus Styropor. Dabei sollten die Spalten eng und nur wenig höher sein als die Eidechsen, um ihnen eine gewisse Sicherheit zu vermitteln. Terrarienwände können als Felsflächen gestaltet oder mit dünnen Korkplatten beklebt werden, wodurch der Aktionsradius für die Mauereidechsen vergrößert wird. Anregungen und Anleitungen finden sich beispielsweise in dem Buch „Terrarieneinrichtung – Materialen, Grundlagen, Methoden" von WILMS (2005). Zur Bepflanzung eignen sich *Ficus pumila*, Grünlilien, kleine Yukkapalmen und Sansevierien, diverse Sukkulenten oder einige trockene Grasbüschel. Wer das Terrarium möglichst naturnah bepflanzen möchte, dem sei das Buch „Pflanzen im Terrarium" von AKERET (2008) empfohlen. Die Pflanzen und Teile der Einrichtung werden täglich kurz mit Wasser übersprüht.

Gruppe von *P. m. merremius* im Terrarium Foto: U. Schlüter

Zur Beleuchtung und lokalen Erwärmung sind lichtintensive HQL- oder HQI-Strahler erforderlich. Die Grundtemperatur sollte im Sommer tagsüber 25–28 °C und nachts um 20 °C betragen. Lokal werden Temperaturen von 40–45 °C benötigt. Außerdem sollten natürlich auch schattige Plätze vorhanden sein. Ebenfalls ist auf eine gute Belüftung, z. B. durch Belüftungsflächen in den Seiten des Terrariums, zu achten. Eine Bodenheizung ist nicht notwendig. Die Temperaturwerte müssen vor Einsetzen der Eidechsen mit Hilfe eines Thermometers überprüft werden.

HQL-Leuchtmittel Foto: U. Schlüter

Zeitschaltuhr Foto: U. Schlüter

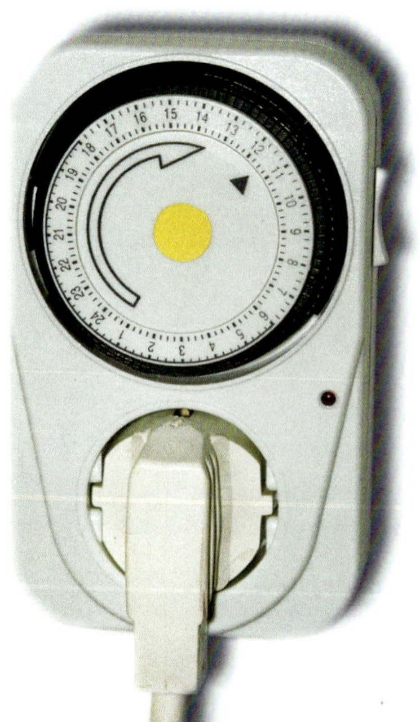

Im Sommer sollte die Beleuchtungszeit 12–14 Stunden betragen und entsprechend der Herkunft der Eidechsen zum Herbst und im Frühling entsprechend reduziert werden. Auch die Temperaturen sollten im Hinblick auf die Überwinterung langsam reduziert werden.

Gelegentlich wird eine regelmäßige UV-Bestrahlung, z. B. mit der Osram-Ultra-Vitalux-Lampe (300 W) empfohlen. Diese kann täglich für 30 Minuten aus einem Abstand von 60–80 cm eingesetzt werden. Eine erfolgreiche Haltung und Nachzucht ist aber auch ohne UV-Bestrahlung alleine über eine regelmäßige Versorgung mit Mineralstoff- und Mutivitaminpräparaten möglich (Kroniger & Zawadzki 2005).

Mit Hilfe einer Zeitschaltuhr lässt sich die Beleuchtungsdauer bequem steuern. Alle notwendigen Elektromaterialien wie Zuleitung, Fassungen und Glühlampen müssen aus Sicher-

heitsgründen außerhalb des Terrariums installiert sein. Die Elektroarbeiten müssen zudem von dazu ausgebildeten Personen ausgeführt werden.

An notwendigen Pflegearbeiten steht an erster Stelle das wöchentliche Entfernen des Kotes mit einer Pinzette oder einem Löffel. Auch die Steine müssen mit Hilfe einer Bürste und Wasser vom Kot befreit werden. Je nach Verschmutzungsgrad wird das Substrat alle 1–2 Jahre ganz oder zumindest teilweise ausgetauscht. Dazu muss man die Eidechsen aus dem Terrarium fangen. Die Glasscheiben reinigt man am besten mit Wasser, hartnäckige Kalkspuren können mit einem essigbefeuchteten Lappen eingeweicht werden. Anschließend muss mit klarem Wasser gespült und mit einem Lappen getrocknet werden.

DER PRAXISTIPP

Bei der Auswahl des Standortes für das Terrarium muss darauf geachtet werden, dass es keiner Zugluft und auch keiner direkten Sonneneinstrahlung ausgesetzt wird. Zwar sind Mauereidechsen wahre Sonnenanbeter, doch kann in einem Glasterrarium die Temperatur im Sommer ganz schnell auf für die Eidechsen gefährliche Werte ansteigen, wenn die Sonnenstrahlen ungehindert auf den Behälter treffen. Daher ist es wichtig, im Terrarium für ausreichend Schattenplätze und eine gute Belüftung zu sorgen.

Terrarium für Mauereidechsen. Die Rückwand sowie die Seitenwände sind stark strukturiert und bieten ausreichend Bewegungsfläche. Foto: M. Zill

Freilandhaltung

Wenn man die Möglichkeit hat, kann man entweder das Mauereidechsenterrarium den Sommer über – vor Regen und übermäßiger Besonnung geschützt – im Freien aufstellen, oder man hält die Eidechsen in einem speziell konstruierten Freilandterrarium im Garten.Anleitungen zum Bau solcher Terrarien findet man z. B. bei SCHMIDT-LOSKE (1998). Von einer freien Haltung an einer Trockenmauer ist abzuraten, da die Gefahr der Abwanderung und damit einer Faunenverfälschung besteht. Um dem Feinddruck durch Katzen und Vögel entgegenzuwirken, wäre außerdem zumindest eine Absicherung durch ein engmaschiges Gitter erforderlich. Zur Bepflanzung eines Terrariums würden sich zum Beispiel diverse *Sedum*- und *Sempervivum*-Arten sowie Trockengräser eignen. Oft reicht zudem die die Menge an Insekten, die sich natürlicherweise in einem Freilandterrarium findet, nicht für die Eidechsen aus, sodass man zufüttern muss.

Sedum reflexum **eignet sich zur Bepflanzung eines Freilandterrariums.** Foto: U. Schlüter

Verschiedene *Sempervivum*-Arten für die Trockenmauer Foto: U. Schlüter

Überwinterung

Zur Überwinterung müssen Beleuchtungsdauer und Temperaturen über einen Zeitraum von 1–2 Wochen langsam abgesenkt werden. Gleichzeitig wird die Fütterung eingestellt, da ansonsten im Verdauungskanal vorhandene Nahrung während der Winterruhe faulen und zum Tod der Eidechsen führen könnte. Unterarten aus Mitteleuropa sollten während 10–12 Wochen bei Temperaturen von 3–5 °C in einer Plastikdose im Kühlschrank, einem Gewächshaus oder einem frostfreien Keller überwintert werden. Unterarten aus Südeuropa sollten entsprechend bei 8–12 °C etwa 6–8 Wochen überwintert werden. Oft reicht es auch, wenn man bei mediterranen Unterarten einfach für einige Wochen die Beleuchtung ausschaltet und sie bei entsprechend niedrigen Temperaturen im Terrarium belässt.

Die Überwinterung im Kühlschrank stellt oft die praktikablere Lösung dar. Die Eidechsen überwintern einzeln oder zu

Überwinterungsbehälter Foto: U. Schlüter

zweit in Plastikbehältern (ca. 22 x 18 x 8 cm; L x B x H), deren Deckel mit Luftlöchern versehen sind. Die Dosen werden zu einem Drittel mit feuchtem Substrat, am besten einem Torf-Sand-Gemisch, gefüllt. Nachdem man die Eidechsen in die Dose gesetzt hat, stellt man diese zunächst für 1–2 Tage an einen kühlen Ort (ca. 10 °C), damit sie sich an kalte Temperaturen gewöhnen können. Erst dann erfolgt die Überführung in den Kühlschrank. Die Substratfeuchtigkeit muss regelmäßig kontrolliert werden und gegebenenfalls muss nachgewässert werden.

Zum Ende der Überwinterung sind dann die Temperaturen und später auch die Beleuchtungsdauer langsam wieder zu erhöhen. Weibchen sollten 2–3 Wochen später als die Männchen ausgewintert werden, da es sonst Probleme mit der Synchronisation der Geschlechter geben könnte und man unbefruchtete Gelege erhält. Hält man die Mauereidechsen ganzjährig im Freien, entfallen natürlich mit der Überwinterung verbundene Zusatzmaßnahmen, man muss im Freilandterrarium aber frostsichere Verstecke schaffen (BANNERT 1997; KRONIGER & ZAWADZKI 2005).

Verhalten und Vergesellschaftung

Mauereidechsen sind aufmerksame und sehr aktive Terrarieninsassen. Die meisten Individuen verlieren ihre Scheu und fressen z. B. von der Pinzette. Männchen und Weibchen vertragen sich

In sehr großen Terrarien lassen sich Mauereidechsen auch mit dem Europäischen Halbfingergecko *(Hemidactylus turcicus)* vergesellschaften. Foto: U. Schlüter

hervorragend. Streitereien unter Weibchen ziehen meist keine größeren Folgen nach sich. Gewöhnlich flieht das schwächere rasch aus dem Blickfeld des stärkeren Weibchens.

Eine Vergesellschaftung mit anderen *Podarcis*-Arten kann aufgrund der Unverträglichkeit der Männchen, zum Teil auch der Weibchen, nicht empfohlen werden. Zur Vergesellschaftung in entsprechend geräumigen Terrarien eignen sich am ehesten nachtaktive Geckos wie Europäische Halbfingergeckos (*Hemidactylus turcicus*).

Ernährung

Ernährungsbedingte Mangelerscheinungen können nur vermieden werden, wenn die Nahrung hochwertig und abwechslungsreich ist. Insbesondere sollte das Kalzium-Phosphor-Verhältnis (Ca:P) des Futters zugunsten des Kalziums verschoben sein (Ca:P>1:1). Um eine ausreichende Versorgung mit Vitamin- und Mineralstoffen sicherzustellen, muss man daher regelmäßig entsprechende Präparate unter die Nahrung mischen bzw. die Futtertiere damit bestäuben. Vor einer Überdosierung sei allerdings gewarnt. Bewährt haben sich besonders Präparate wie Korvimin ZVT und Multibionta, aber auch Multi-Mulsin, Calcipot D_3 und Kalzan D_3. Die Präparate sind im Zoofachhandel, beim Tierarzt oder in der Apotheke erhältlich. Vitamine sind nicht

DER PRAXISTIPP

Im Fachhandel erworbene Futtertiere wie Heimchen, Grillen und Schaben sollten vor dem Verfüttern noch mindestens zwei Tage in einem vorbereiteten Behälter (z. B. Plastikterrarium) umgesetzt werden, wo sie mit Karotten, Salat, Apfel u. Ä. gefüttert werden. Dadurch werden diese Futtertiere mit wichtigen Stoffen angereichert und sind damit wesentlich gehaltvoller, was dann wiederum den Eidechsen zugute kommt.

Multivitamin- und Mineralstoffpräparat Foto: U. Schlüter

Mit Vitaminpuder bestäubte Heimchen Foto: U. Schlüter

Mehlwürmer sollten nur ausnahmsweise verfüttert werden.
Foto: U. Schlüter

Getreideschimmelkäferlarven Foto: U. Schlüter

Obstbrei
Foto: U. Schlüter

unbegrenzt haltbar, daher ist das Verfallsdatum zu beachten.

Es reicht, wenn die Mauereidechsen jeden zweiten Tag gefüttert werden. Füttert man per Pinzette oder wirft den Eidechsen einzelne Futtertiere vor, stellt man die Fütterung bei beginnender Sättigung ein. Dies merkt man daran, dass die Eidechsen weniger gierig fressen. Lässt man die Futtertiere frei im Terrarium herumlaufen, bringt man erst wieder neues Futter ein, wenn man keine Futtertiere mehr im Terrarium entdeckt. Auch dies sollte mit ein bis zwei Tagen Verzögerung geschehen, um einer Verfettung vorzubeugen. Damit es nicht zu einer Gewöhnung an eine bestimmte Futterart kommt, sollte unbedingt abwechslungsreich gefüttert werden. Daher verfüttert man in angemessener Größe vorwiegend verschiedene vitaminisierte Grillenarten, kleine Heuschrecken und Getreideschimmelkäferlarven. Zusätzlich können Schaben, Kellerasseln, Ameisen, Fliegen, Tagschmetterlinge, „Wiesenplankton" (Artenschutz beachten!), Wachsmotten und deren Raupen, Mehlwürmer (ausnahmsweise), Spinnen sowie Obstbrei (Weintrauben-, Kirsch-, Feigen-, Bananenbrei) und Honigwasser angeboten werden.

Futtertiere sind heute problemlos in Terraristik-Fachgeschäften oder im Abonnement über den

Versandhandel (Adressen in Zeitschriften) zu bekommen. Über eine Futtertierzucht kann man sich allgemein bei FRIEDERICH & VOLLAND (1992) informieren.

Von großer Bedeutung ist auch eine ausreichende Wasserversorgung der Mauereidechsen. Gewöhnlich lecken sie Tropfen des täglich zu verabreichenden Sprühwassers von den Pflanzen auf, sodass ein kleiner Wassernapf nicht unbedingt notwendig ist. Auch über das Trinkwasser können Vitamine zugeführt werden, zum Beispiel indem diesem „Vigantoletten“ (Dosierung 20.000 I.E. wasserlösliches Vitamin D_3 auf 1 l Wasser) oder „Multibionta wasserlöslich“ beigemischt werden (ca. 20 Tropfen pro Liter). So kann bei der Haltung auf UV-Bestrahlung verzichtet werden (KRONIGER & ZAWADZKI 2005).

Besonders Jungtiere fressen gerne Ameisen. Foto: U. Schlüter

Heimchen Foto: U. Schlüter

Weibchen beim Lecken von Honigwasser Foto: U. Schlüter

Krankheiten

Hat man beim Erwerb gut auf den Allgemeinzustand geachtet und hält bei Neuzugängen eine Quarantänezeit ein, so bereiten Mauereidechsen in Bezug auf Erkrankungen nur wenig Probleme, falls man sie artgerecht pflegt. Die häufigsten auftretenden Probleme betreffen Bissverletzungen. Man sollte sich daher von den unten dargestellten Erkrankungen nicht von der Anschaffung abschrecken lassen, man wird damit nur in den seltensten Fällen konfrontiert werden, zumal Nachzuchttiere meist frei von Krankheiten sind.

Für die erfolgreiche Haltung ist Hygiene natürlich sehr wichtig. Bei mangelnder Hygiene treten auch bei Mauereidechsen bald durch allgegenwärtige Bakterien und Pilze verursachte Erkrankungen auf. Insbesondere ist der in größeren Mengen anfallende Kot regelmäßig aus dem Terrarium zu entfernen.

Im Folgenden werden einige allgemeine Hinweise sowie Tipps zum Verhindern, Erkennen und Behandeln einfacher Erkrankungen gegeben. Bei ernsthaften Erkrankungen ist der Gang zu einem auf Reptilien spezialisierten Tierarzt anzuraten. Nach deren Namen und Adressen erkundigt man sich am besten in Zoos, bei den Untersuchungsstellen oder bei der DGHT (siehe Kapitel „Weitere Informationen"). Die angegebenen Medikamente sind ausschließlich in Zusammenarbeit mit dem Tierarzt einzusetzen und zu besorgen.

Auch heute stirbt noch ein hoher Prozentsatz von Terrarientieren an **Parasitosen** (Köhler 1996). Die parasitologische Kotuntersuchung ist daher eines der wichtigsten diagnostischen Hilfsmittel der Herpetomedizin. Die Symptome eines Parasitenbefalls sind meist unspezifisch und können Nahrungsverweigerung, Gewichtsverlust, apathisches Verhalten, Wachstumsverzögerung, fehlende Fortpflanzung, Durchfall und Erbrechen umfassen. Während der Quarantänezeit und später im Verdachtsfall sollte daher eine Kotprobe zur Untersuchung an ein entsprechendes Labor eingeschickt oder ein Tierarzt aufgesucht werden.

Unter den **Ektoparasiten** können vor allem Milben und Zecken Probleme bereiten. In der Natur weisen viele Individuen einen Befall mit der Gemeinen Zecke oder Holzbock (*Ixodes ricinus*), teilweise auch *Ophionyssus lacertinus* auf. Besonders Letztere ist nicht sehr wirtsspezifisch und als Blutmilbe gefürchtet, da es innerhalb kürzester Zeit zu einem Massenbefall kommen kann. Bei Nachzuchttieren tritt das Problem natürlich nur selten auf. Da sich die Milben auch im Bodengrund aufhalten, ist es besonders wichtig, vor der Behandlung das Terrarium auszuräumen und gründlich zu reinigen. Geeignete Milbenmittel besorge man sich beim Tierarzt. Das Gift tötet zwar die Milben, aber nicht deren Eier, sodass man nach 2–3 Wochen eine erneute Behandlung durchführen muss. Da das Gift auch auf die Futtertiere wirkt, gilt es zu vermeiden, dass die Eidechsen diese fressen. Am besten füttert man während dieser Zeit mit der Pinzette.

Rachitis und **Osteomalazie** sind Knochenstoffwechselstörungen, denen ein Vitamin-D-Mangel zugrunde liegt. Hierdurch bleibt die Mineralisierung des Knochengewebes aus. Im Krankheitsbild finden sich daher häufig Knochenerweichungen und Verkrümmungen der Kiefer, der Wirbelsäule und des Schwanzes. Diese treten am häufigsten in der Wachstumsphase und bei unzureichend ernährten Weibchen auf. Bei Jungtieren wird die Grundsubstanz des wachsenden Knochens unzureichend

Mauereidechsen sind bei guter Pflege wenig anfällig für Krankheiten. Foto: B. Trapp

mit Kalzium und Phosphat versorgt, der Knochen bleibt daher im unfertigen Zustand, und man bezeichnet diese Erkrankung als Rachitis. Bei Erwachsenen erfolgt der Einbau von Mineralstoffen in das normal oder überschießend gebildete Eiweißknochengrundgerüst (Osteoid) nur mangelhaft. Es kommt zu breiten, unverkalkten Osteoidsäumen und damit zu erhöhter Weichheit und Verbiegungstendenz der Knochen. Diese sekundäre Knochenbildungsstörung wird dann als Osteomalazie bezeichnet. Vorbeugend sollte man daher den Eidechsen über das Futter oder Wasser Vitamin-D_3-Präparate verabreichen (50–100 I. E. D_3/kg KM wöchentlich (Köhler 1996). Besser sind Multivitamin-Präparate wie „Multibionta wasserlöslich", womit sich in der Regel auch Überdosierungen von Vitamin D_3 vermeiden lassen. Auch regelmäßige UV-Bestrahlung fördert die Bildung von Vitamin D_3 aus körpereigenem Provitamin D.

Absterben von Schwanzspitzen und Zehen: Durch Bisse, besonders unter Männchen und schon bei Jungtieren, kann es durch eine Beschädigung der Blutgefäße zu einer schlechteren Durchblutung der Schwanzspitze und zu halb abgerissenen Zehen kommen. Die Folge ist eine unzureichende Sauerstoffversorgung des Gewebes und

Weibchen von *P. m. merremius* während der Häutung Foto: U. Schlüter

schließlich ein Absterben des betroffenen Gewebes. Abgestorbene Schwanzspitzen und Zehen erkennt man an ihrer dunklen Verfärbung, später an ihrem vertrockneten Aussehen. Da sich der Gewebetod fortsetzen kann, müssen die Schwanzspitze oder Zehen rechtzeitig durch einen Tierarzt oberhalb des abgestorbenen Teils amputiert werden.

Häutungsprobleme treten ebenfalls als Zeichen einer Mangelerkrankung, viel häufiger aber bei nicht artgerechter Haltung auf. Dazu gehört insbesondere eine zu trockene Haltung. Besonders an der Schwanzspitze können Rückstände verbleiben, die mechanisch entfernt werden sollten, damit die Spitze nicht abstirbt.

Gelegentlich kommt es durch Beißereien zu **kleineren Verletzungen**, vor allem am Schwanz oder den Gliedmaßen. Meist heilen sie von selbst wieder ab. Treten ausnahmsweise größere Wunden auf, sollte man diese mit einem milden Desinfektionsmittel (z. B. 5 % Gentianaviolett in 70%igem Alkohol) behandeln, um eine Infektion zu vermeiden. Falls sich die Wunde bereits entzündet hat, muss nach Anweisung und Verschreibung eines Tierarztes eine antibiotische Salbe aufgetragen werden.

Dehydrationserscheinungen treten gewöhnlich nur bei importierten Wildfängen auf. Sie sollten beim Erwerb von Nachzuchten kein Problem darstellen, eine gute Versorgung mit Wasser kann man hier voraussetzen.

Die häufigsten Ursachen für **Komplikationen bei der Eiablage** sind Stress, bedingt durch nicht artgerechte Haltung, fehlende oder ungeeignete Eiablageplätze, Beunruhigung durch den Pfleger oder andere Terrarieninsassen und unzureichende Ernährung. Ist der physiologische Eiablagetermin bereits überschritten, so muss man sich mit einem Tierarzt beraten. Nach dessen Maßgabe verabreicht man bei Verdacht auf Kalziummangel ein Kalzium Präparat (Kalziumgluconat) oder lässt bei rein psychogenen Problemen das wehenfördernde Hormon Oxytocin spritzen. Ein Erfolg dieser Therapie ist allerdings nicht gesichert. Als letzte Möglichkeit kommt ein Kaiserschnitt in Frage. Dadurch können zwar die Eier gerettet werden, das Muttertier verstirbt aber oft an den Folgen des Eingriffs.

Vermehrung im Terrarium

DIE Vermehrung von Mauereidechsen sollte oberstes Ziel der Haltung sein. Sie können bei richtiger Pflege regelmäßig und relativ problemlos zur Fortpflanzung gebracht werden. Die Voraussetzungen zur Nachzucht dieser Art über mehrere Generationen werden im Folgenden ausführlich dargestellt.

Geschlechtsunterschiede

Die Geschlechter sind relativ leicht zu unterscheiden. Männchen erkennt man an den besser ausgebildeten Femoralporen und an der besonders im Frühjahr verdickten Schwanzwurzel. Männchen sind auch intensiver und kontrastreicher gefärbt als Weibchen (vgl. „Beschreibung“). An weiteren äußeren Geschlechtsunterschieden seien nur der längere, höhere und insgesamt massigere Kopf der Männchen sowie die relativ kürzere Schnauzenspitze, die relativ längeren Schwänze und Hinterbeine gegenüber Weibchen genannt. Weibchen zeichnen sich durch eine durchschnittlich

Trächtiges Weibchen von *P. m. merremius* Foto: U. Schlüter

niedrigere Anzahl von Rückenschuppen (spezifisch für jede Unterart) und einer höheren Zahl von Bauchschild-Querreihen (25–32) gegenüber Männchen (23–28) aus.

Paarung, Tragzeit und Eiablage

Einige Wochen nach Beendigung der Winterruhe beginnt die Paarungszeit. Das Balzverhalten ist ritualisiert und wird eingeleitet durch eine Annäherung des Männchens in Imponierhaltung an das Weibchen. Ist das Weibchen paarungsbereit, bleibt es liegen oder beginnt zu treteln. Ist es paarungsunwillig, signalisiert es dies dem Männchen durch starkes Treteln, Kopfnicken oder Schwanzwedeln in Verbindung mit Beißen. Beim paarungsbereiten Weibchen kann das Männchen den Paarungsbiss am Schwanz oder direkt im Flankenbereich ansetzen. Das Weibchen beginnt mit einem Paarungsmarsch, bei dem das Männchen über eine Strecke von 5–200 cm (durchschnittlich 35,7 cm) hinterhergezogen wird. Er dauert 15–120 Sekunden (im Durchschnitt 50 s) und endet erst kurz vor der Kopula. Dazu legt das Männchen das dem Weibchen zugewandte Hinterbein über die Schwanzwurzel des Weibchens, bringt die Kloakenöffnungen übereinander und führt einen Hemipenis ein. Die Kopula selbst dauert nur 15–120 Sekunden. Nach deren Beendigung verharrt das Männchen noch kurz mit erhobener Schwanzwurzelregion bis der Hemipenis wieder eingezogen ist (ROLLINAT 1934; WEBER 1957; GRUSCHWITZ & BÖHME 1986).

DER PRAXISTIPP

Trächtige Weibchen sind leicht an ihrem zunehmendem Körperumfang zu erkennen. Bei ihnen muss ganz besonders auf eine ausreichende Versorgung mit Vitaminen, Mineralstoffen und Spurenelementen geachtet werden. Bereits einige Tage vor der Eiablage führt das Weibchen sogenannte Probegrabungen durch. Es kann hilfreich sein, wenn Sie das Weibchen dabei vorsichtig beobachten, denn dies erleichtert unter Umständen später die Suche nach dem Gelege. Hat man nämlich mehrere geeignete Ablagestellen (z. B. Pflanzentöpfe) in einem großen Terrarium, so kann sich die Suche nach den Eiern als recht schwierig erweisen, da die Weibchen die Ablagehöhle wieder sehr gut verschließen.

Eiablagedose Foto: U. Schlüter

Der Ernährungszustand der Mutter hat besonders während der Paarungs- und Tragzeit einen deutlichen Einfluss auf die Qualität und Anzahl der Jungen. Schlecht ernährte Weibchen pflanzen sich meist gar nicht oder nur einmal pro Jahr fort und können Probleme bei der Eiablage bekommen, die viel Kraft erfordert. Oftmals sind die Jungen nur eingeschränkt lebensfähig oder schlüpfen gar nicht aus dem Ei.

Weibchen von *P. m. merremius* kurz nach der Eiablage Foto: U. Schlüter

Während der Tragzeit verhalten sich die Weibchen meist aggressiver als üblich gegenüber anderen Terrarieninsassen. Auch suchen sie öfter Orte auf, an denen mit 26–28 °C Temperaturen deutlich unter denen der Vorzugstemperatur der Art herrschen. Dies mag in Zusammenhang mit der optimalen Temperatur für die Embryonalentwicklung stehen (Braña 1993; Ji & Braña 1999). Kurz vor der Eiablage führen die Weibchen gewöhnlich mehrere Probegrabungen durch, um eine optimale Stelle zu finden. Es empfiehlt sich, in das Terrarium einen speziellen Eiablagebehälter einzubringen, dessen Substrat immer feucht und warm (26–28 °C) gehalten wird. Diesen bevorzugen die Weibchen dann zur Eiablage, und man hat keine Probleme mit dem Auffinden der Eier.

Die Gelegestärke schwankt zwischen dem ersten und den folgenden Gelegen, sie ist beim ersten Gelege mit 3–12 Eiern am größten. Die Eier weisen eine Größe von 10–13,4 x 5–7,7 mm auf. Jüngere und kleine Weib-

Eidechseneier im Inkubator Foto: U. Schlüter

Deutlich erkennt man kurz vor dem Schlupf das „Schwitzen" der Eier. Foto: M. Zawadzki

chen legen oft weniger Eier ab als ältere und größere Weibchen. In einer Reproduktionssaison werden gewöhnlich 2–3 Gelege im Abstand von 3–4 Wochen produziert (Fenske & Kretzschmar 1994; Ji & Braña 2000).

Eizeitigung

Um den Eiern optimale Bedingungen bieten zu können, nimmt man sie am besten aus dem Terrarium und überführt sie zur Zeitigung in einen Inkubator. Dabei sollte ein Drehen um die Längsachse vermieden werden, durch das die Embryonen absterben könnten. Unbefruchtete Eier erkennt man an einer gelblichen Färbung und ihrer wabbeligen Konsistenz. Diese Eier beginnen oft kurze Zeit nach der Ablage durch Schimmelbildung zu verderben.

Als Inkubationsbehälter wird am besten ein durchsichtiger Plastikbehälter mit kleinen Belüftungslöchern – z. B. eine Grillendose – gewählt. Verschiedene Substrate stehen zur Verfügung. Das Inkubationssubstrat sollte nicht zu feinkörnig sein, damit eine ausreichende Belüftung der Eier gesichert ist, und außerdem feuchtigkeitsabgebend wirken und möglichst keimarm sein. Bewährt haben sich besonders Sand und Vermiculit.

Temperatur, Substrat- und Luftfeuchtigkeit haben natürlich einen großen Einfluss auf die Zeitigung von Reptilieneiern. Sie beeinflussen in unterschiedlichem Maße Schlupferfolg und Inkubationsdauer, aber auch das spätere Wachstum und Verhalten der Jungen.

Der Bereich der Inkubationstemperatur, indem sich Embryonen bis zum Schlupf normal entwickeln, ist bei allen Unterarten ziemlich gleich. Die Inkubationstemperatur sollte nur geringen täglichen Schwankungen unterliegen, gewöhnlich werden konstante oder leicht schwankende Inkubationstemperaturen empfohlen. Der Bereich von 26–28 °C gilt als optimal. Bei

Mauereidechsen-Ei mit Größenvergleich Foto: M. Zawadzki

Temperaturen über 30 °C sind die Jungen in der Lebensfähigkeit deutlich eingeschränkt (Ji & Braña 1999; Braña & Ji 2000; Van Damme et al. 1992). Mit zunehmender Temperatur verkürzt sich die Inkubationsdauer, da den Stoffwechselprozessen des Embryos temperaturabhängige Reaktionen zugrunde liegen. Diese Abhängigkeit ist jedoch nicht linear, sondern wird mit zunehmender Temperatur geringer. Zusätzlich ist die In-

Das rechte Ei hat schon deutlich an Umfang verloren und wirkt „eingedellt", der Schlupf steht unmittelbar bevor. Foto: M. Zawadzki

kubationsdauer auch genetisch fixiert und somit art- oder gar populationsspezifisch. Mauereidechsenjunge sind unter oben genannten konstanten Temperaturbedingungen nach 33–49 Tagen aus den Eiern geschlüpft, bei schwankenden Temperaturen (tags 27–29 °C, nachts 22–24 °C) nach 56–58 Tagen (Ji & Braña 1999; Zawadzki 2001). Ein Einfluss der Temperatur auf das Geschlecht der Jungtiere konnte bei Mauereidechsen nicht festgestellt werden. Das Geschlecht wird daher wahrscheinlich durch Geschlechtschromosomen bestimmt.

Um eine Entwicklung der weichschaligen Eier zu gewährleisten, muss das Substrat auch eine entsprechende Feuchtigkeit aufweisen. Sowohl eine zu große als auch zu geringe Feuchtigkeit kann zum Absterben des Embryos führen. Glücklicherweise ist *P. muralis* gegenüber der Substratfeuchtigkeit relativ tolerant. Ein geeignetes Inkubationssubstrat fühlt sich feucht, jedoch nicht nass an. Es darf kein Wasser herausrinnen, wenn man es zwischen den Fingern drückt. Insbesondere darf sich auf dem Boden des Inkubationsbehälters kein Wasser sammeln. Ein geeignetes Inkubationssubstrat erhält man z. B. (Köhler 1997; Ji & Braña 1999), falls

Deutlich ist der Schnitt in der Eischale zu erkennen, den die Eidechse mit Hilfe des Eizahnes vollführt. Foto: M. Zawadzki

- Sand gewählt wird, indem man 20–180 ml Wasser auf 1 l (= 1.628 g) Sand zusetzt,
- Vermiculit (Körnung 4–7 mm) gewählt wird, indem man 200–300 ml Wasser auf 1 l (= 98 g) Substrat zusetzt,
- Vermiculit (Körnung 2–3 mm) gewählt wird, indem man etwa 300–450 ml Wasser auf 1 l (= 113 g) Substrat zusetzt.

Die Substratfeuchtigkeit nimmt durch Verdunstung und durch Aufnahme in die Eier mit der Zeit ab. Die Eier wachsen dadurch bis kurz vor dem Schlupf auf Größen von durchschnittlich etwa 10,5 x 16 mm an. Dieser Wasserverlust des Substrates muss regelmäßig durch temperiertes Wasser ersetzt werden. Die relative Luftfeuchtigkeit über dem Substrat sollte bei 90–95 % liegen. Es sollte kein Kondenswasser auf die Eier tropfen. Die Dose mit den Eiern

Die kleine Mauereidechse hat mit einem Ruck das Ei verlassen. Foto: M. Zawadzki

überführt man zur Zeitigung entweder zurück ins Terrarium, wo geeignete Temperaturen herrschen, oder man erbrütet die Eier in der Nähe einer Wärmequelle. Kompliziertere Brutbehälter unterschiedlicher Preisklassen sind im Handel erhältlich, lassen sich aber bedeutend billiger im Selbstbau herstellen (siehe z. B. Köhler 1997).

Schlupf und Aufzucht der Jungen

Kurz vor dem Schlupf sondern die Eier oft einige kleine Flüssigkeitstropfen ab („Schwitzen“). Die Jungen schlitzen das Ei von innen mit Hilfe des Eizahnes auf und verharren oft mit herausschauender Schnauze noch mehrere Stunden bis zwei Tage im Ei.

Schlüpflinge weisen eine KRL von etwa 19–27 mm und eine Schwanzlänge von 32–40 mm bei einer Gesamtlänge von 56–67 mm auf. Die Masse der Schlüpflinge beträgt 0,3–0,4 g (Ji & Braña 1999; Zawadzki 2001; Horn 1976; Fenske & Kretzschmar 1994; Schulte 2008).

Man überführt die Jungen am besten in einen speziellen Aufzuchtbehälter. Die Einrichtung entspricht weitgehend den Terrarien der Erwachsenen. Man kann die Schlüpflinge in den ersten Monaten problemlos in kleinen Gruppen halten. Für 4–5 Individuen empfehlen sich zunächst Aufzuchtterrarien von etwa 50 x 25 x 30 cm Größe. Die Terrariengröße muss natürlich dem Wachstum der Jungen angepasst werden.

Die Jungtiere werden im Gegensatz zu den Erwachsenen täglich gefüttert. In der Hauptwachstumsphase im ersten Lebensjahr wird soviel gefüttert

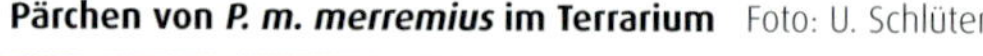

Pärchen von *P. m. merremius* im Terrarium Foto: U. Schlüter

wie gefressen wird. Die Jungen benötigten Kleinstfutter wie kleine Grillen, Raupen der Kleinen Wachsmotte, Dörrobstmotten, Essigfliegen (*Drosophila*), Blattläuse, Ameisen, Minispinnen und Getreideschimmelkäferlarven. Wie bei Erwachsenen sollten Futter und Wasser ebenfalls regelmäßig mit Vitaminen und Mineralstoffen versetzt werden. Man kann die Jungen täglich prophylaktisch einer UV-Bestrahlung aussetzen. Die Aufzucht gelingt aber auch ohne UV-Strahlung problemlos, wenn man Kalkpräparate zuführt und über das Trinkwasser wie bei Erwachsenen „Multibionta wasserlöslich" oder „Vigantoletten" verabreicht.

Bei guter Ernährung erreichen die Jungen bis zum Ende des Jahres eine KRL von 30–37 mm und eine Masse von 0,5–1,1 g, bis zum Juni des nächsten Jahres eine KRL von 34,5–48 mm und bis zum September eine KRL von 52–59 mm (Masse: 2,4–4 g). Junge Männchen zeigen nach einigen Monaten aggressive Verhaltensweisen gegenüber Geschlechtsgenossen, sodass es dann besser ist, sie einzeln oder mit Weibchen zusammen zu halten. Die Geschlechtsreife wird bei einer KRL von 49–55 mm (Weibchen) erreicht, die erste Fortpflanzung findet aber gewöhnlich erst im zweiten Frühling statt (DIEGO RASILLA 2004; SCHULTE 2008). Bei Terrarienhaltung braucht man die Jungen im ersten Winter nicht unbedingt bei herabgesetzten Temperaturen zu überwintern.

Jungtier von *P. m. merremius*
Foto: U. Schlüter

Bei guter Pflege können Mauereidechsen im Terrarium viele Jahre Freude bereiten. Die Lebenserwartung im Terrarium kann 10–12 Jahre betragen.

Junge von *P. m. merremius* beim Sonnenbad
Foto: U. Schlüter

ZUR Vertiefung der in diesem Buch gegebenen Informationen und zum tieferen Einblick in terraristische und herpetologische Themenbereiche empfehlen sich die Mitgliedschaft in einem Verein gleichgesinnter Terrarianer sowie ein intensives Literaturstudium. Die folgenden Auflistungen sollen dabei behilflich sein, einen Einstieg in die Thematik zu finden, können aber natürlich nur einen kleinen Ausschnitt aufzeigen.

Untersuchungsstellen

Kotproben, Sektionen und andere Untersuchungen können von spezialisierten Tierärzten oder von veterinärmedizinischen Untersuchungsstellen, die es in vielen Städten gibt, vorgenommen werden. Eine Liste mit Tierärzten, die sich mit Reptilien und Amphibien beschäftigen, kann über die DGHT bezogen oder auf www.dght.de eingesehen werden.
Überregional bekannt sind z. B. folgende Einrichtungen:

- Universität München
Institut für Zoologie, Fischereibiologie und Fischkrankheiten der tierärztlichen Fakultät
Kaulbachstr. 37
80539 München
Tel.: 089-2180-2687
E-Mail: office@zoofisch.vetmed.uni-muenchen.de
www.vetmed.lmu.de/zoofisch/

- Chemisches und Veterinäruntersuchungsamt Ostwestfalen-Lippe
Westerfeldstr. 1
32758 Detmold
Tel.: 05231-9119
E-Mail: poststelle@cvua-detmold.nrw.de
www.cvua-owl.nrw.de

- Vet Med Labor GmbH
Mörikestraße 28/3
71636 Ludwigsburg
Tel.: 01802-838633
E-Mail: info@vetmedlabor.de
www.vetmedlabor.de
(für privat nur über Ihren Tierarzt)

- Exomed;
Erich-Kurz-Str. 7; 10319 Berlin
Tel.: 030-5112008
E-Mail: labor@exomed.de
www.exomed.de

Artenschutzfragen

Bundesamt für Naturschutz, Artenschutzvollzug,
Konstantinstr. 110; 53179 Bonn, Tel.: 0228-8491-1311,
E-Mail: citesma@bfn.de, www.bfn.de

Vereine und Interessengruppen

Die Deutsche Gesellschaft für Herpetologie und Terrarienkunde (DGHT; www.dght.de; DGHT e.V., Postfach 1421, 53351 Rheinbach, Tel.: 02225-703333, E-Mail: gs@dght.de) ist mit über 8.000 Mitgliedern die weltweit größte Gesellschaft ihrer Art und bringt Wissenschaftler und Hobbyherpetologen zusammen. Mitglieder erhalten vierteljährlich mindestens drei verschiedene herpetologisch/terraristische Zeitschriften.

Innerhalb der DGHT existiert die AG Lacertiden, die sich mit den Echten Eidechsen beschäftigt. Sie gibt die Zeitschrift „Die Eidechse" heraus und veranstaltet jährliche Fachtagungen. Kontakt: Mike Zawadzki, Am Rissener Bahnhof 16 c, 22559 Hamburg, Tel. 040-41269607, E-Mail: mike.zawadzki@pityusensis.de. Angelika und Siegfried Troidl haben ihre Homepage www.lacerta.de der AG Lacertiden als Plattform zur Verfügung gestellt. Hier findet man allerlei Informationen rund um die Eidechsen wie Bilder, Literaturverzeichnis und diverse Fachbeiträge.

Zeitschriften

▪ REPTILIA, TERRARIA
Terraristik-Fachmagazine erscheinen je sechs Mal jährlich, mit Internetportal für Kleinanzeigen
Natur und Tier - Verlag GmbH
An der Kleimannbrücke 39/41
48157 Münster
Tel.: 0251-133390
E-Mail: verlag@ms-verlag.de
www.reptilia.de

▪ Sauria
Terraristik und Herpetologie erscheint vier Mal jährlich
Terrariengemeinschaft Berlin e.V.
Bruno Treu, Christstr. 10
14059 Berlin
E-Mail: abo@sauria.de
www.sauria.de

▪ DRACO
Terraristik-Themenheft erscheint vier Mal jährlich
Natur und Tier - Verlag, s. o.
www.reptilia.de

▪ DATZ
Die Aquarien- und Terrarien-Zeitschrift erscheint monatlich
Verlag Eugen Ulmer
Wollgrasweg 41
70599 Stuttgart
www.datz.de

Weiterführende und verwendete Literatur

Die Literatur über die Mauereidechse ist sehr umfangreich. Der Umfang des Buches erlaubt leider nur eine kleine Auswahl. Der interessierte Leser findet ein ausführliches Literaturverzeichnis unter www.lacerta.de.

AKERET, B. (2008): Pflanzen im Terrarium –Anleitung zur Pflege von Terrarienpflanzen, zur Gestaltung naturnaher Terrarien und Auswahl geeigneter Pflanzen. – Natur und Tier - Verlag, 400 S.

BANNERT, B. (1997): Überwinterung von Halsbandeidechsen. Echsen im Kühlschrank? – TI-Magazin, Melle, 29(134): 42–46.

BRAÑA, F. (1993): Shifts in body temperature and escape behaviour of female *Podarcis muralis* during pregnancy. – Oikos 66: 216–222.

– & X. JI (2000): Influence of Incubation Temperature on Morphology, Locomotor Performance, and Early Growth of Hatchling Wall Lizards (*Podarcis muralis*). – J. Exp. Zool. 286: 422–433.

COOPER, J.S. (1958): Observations on the eggs and young of the wall lizard (*Lacerta muralis*) in captivity. – Brit. J. Herpetol. 2: 112–121.

– (1965): Notes on fertilisation, the incubation period and hybridisation in *Lacerta*. – Brit. J. Herpetol. 3: 218–220.

DEXEL, R. (1986): Zur Ökologie der Mauereidechse *Podarcis muralis* (LAURENTI, 1768) (Sauria, Lacertidae) an ihrer nördlichen Arealgrenze, I. Verbreitung, Habitat, Habitus und Lebensweise. – Salamandra 22: 63–79.

DIEGO-RASILLA, F.J. (2004): Lagartija roquera – *Podarcis muralis*. – In: CARRASCAL, L.M. & A. SALVADOR (Hrsg.): Enciclopedia Virtual de los Vertebrados Españoles. – Museo Nacional de Ciencias Naturales, Madrid. http://www.vertebradosibericos.org/ [Version Dez. 2006].

FENSKE, R. & K. KRETSCHMAR (1994): Haltung und Aufzucht der Mauereidechse *Podarcis muralis merremia* (RISSO, 1826) im Wintergarten des Tierparks Leverkusen. – Sauria 16(1): 11–14.

FRIEDERICH, U. & W. VOLLAND (1992): Futtertierzucht. 2. Auflage. – Ulmer, Stuttgart, 188 S.

FUHRMANN, M. (2003): Artensteckbrief Mauereidechse, *Podarcis muralis*. – Gießen, HDLGN, 10 S.

GASSERT, F. (2005): Untersuchung der genetischen Diversität ausgewählter Populationen der Mauereidechse (*Podarcis muralis* LAURENTI 1768) mit Hilfe der Mikrosatelliten-DNA-Analyse. – Diss. Univ. Trier (Fachbereich Geographie/Geowissenschaften), Trier, 209 S.

GRUSCHWITZ, M. & W. BÖHME (1986): *Podarcis muralis* (LAURENTI, 1768) – Mauereidechse. – S. 155–208 in: BÖHME, W. (Hrsg.): Handbuch der Reptilien und Amphibien Europas. Band 2/II: Echsen (Sauria) III (Lacertidae III: *Podarcis*) – Aula-Verlag, Wiesbaden, 435 S.

HORN, H.-G. (1976): Pflege und Nachzucht von *Lacerta muralis brueggemanni*. – Das Aquarium, Nr. 85: 315–317.

JI, X. & F. BRAÑA (1999): The influence of thermal and hydrid environments on embryonic use of energy and nutrients, and hatchling traits, in the wall lizards (*Podarcis muralis*). – Comp. Biochem. Physiol. A 124: 205–213.

– & – (2000): Among Clutch Variation in Reproductive Output and Egg Size in the Wall Lizard (*Podarcis muralis*) from a Lowland Population of Northern Spain. – J. Herpetol. 34(1): 54–60.

JUNGNICKEL, J. (2008): Über die Haltung und Nachzucht der Nordwestitalienischen Mauereidechse (*Podarcis muralis nigriventris* BONAPARTE, 1838) im Terrarium. – Sauria 30(1): 29–33.

KÖHLER, G. (1996): Krankheiten der Amphibien und Reptilien. – Ulmer, Stuttgart, 166 S.

– (2003): Inkubation von Reptilieneiern. – Herpeton, Offenbach, 254 S.

KRONIGER, M. & M. ZAWADZKI (2005): Eidechsen im Terrarium. – DRACO, Nr. 21, 6(1): 28–37.

MÜLLER, M. J. (1996): Handbuch ausgewählter Klimastationen der Erde. – Forschungsstelle Bodenerosion der Universität Trier-Mertesdorf, Trier, 400 S.

ROLLINAT, R. (1934): La Vie des Reptiles de la France. – Delagrave, Paris, 343 S.

SCHLÜTER, U. (2008): Mauereidechsen im Ruhrgebiet. – TERRARIA 10: 63–68.

SCHMIDT-LOSKE, K. (1998): Errichtung einer Freilandanlage zur Reptilienhaltung im Park des Museums Alexander Koenig in Bonn. – Die Eidechse 9(3): 100–107.

SCHULTE, U. (2008): Die Mauereidechse – erfolgreich im Schlepptau des Menschen. – Laurenti-Verlag, Bielefeld, Beiheft der Zeitschrift für Feldherpetologie 12, 160 S.

SCHULTE, U., B. THIESMEIER, W. MAYER & S. SCHWEIGER (2008): Allochthone Vorkommen der Mauereidechse (*Podarcis muralis*) in Deutschland. – Zeitschrift für Feldherpetologie 15: 139–156.

STREET, D. (1979): The Reptiles of Northern and Central Europe. – Batsfort Ltd., London, 261 S.

STRIJBOSCH, H., J.J.A.M. BONNEMEYER & P.J.M. DIETVORST (1980): The northernmost population of *Podarcis muralis* (Lacertilia, Lacertidae). – Amphibia-Reptilia 1: 161–172.

VAN DAMME, R., D. BAUWENS, F. BRAÑA & R.F. VERHEYEN (1992): Incubation temperature differentially affects hatching time, egg survival and hatchling performance in the lizards *Podarcis muralis*. – Herpetologica 48: 220–228.

WARNECKE, R. (2005): Bericht über die Tagung der AG Lacertiden vom 8. bis 10. April 2005 in Gersfeld-Altenfeld/Rhön. – Die Eidechse 16(1): 30–31.

WEBER, H. (1957): Vergleichende Untersuchung des Verhaltens von Smaragdeidechsen (*Lacerta viridis*), Mauereidechsen (*L. muralis*) und Perleidechsen (*L. lepida*). – Z. Tierpsychol. 14 (4): 448–472.

WILMS, T. (2005): Terrarieneinrichtung – Materialen, Grundlagen, Methoden. – Natur und Tier - Verlag, 128 S.

ZAWADZKI, M. (2001): Schlupf einer Mauereidechse *Podarcis muralis merremia* (RISSO, 1826). – Die Eidechse 12(3): 86–87.

Literatur vom NTV

Jede Menge Antworten auf Fragen rund um Ihr Hobby

Pflanzen im Terrarium

Anleitung zur Pflege von Terrarienpflanzen, zur Gestaltung naturnaher Terrarien und Auswahl geeigneter Pflanzenarten

B. Akeret

400 Seiten, über 1.000 Abbildungen
Format 17,5 x 23,2 cm
ISBN 978-3-86659-060-1
Preis: 39,80 €

Wer sich den Wunsch erfüllen möchte, sich mit einem Terrarium ein Stück Natur ins Haus zu holen, der kommt bei der naturnahen Gestaltung dieses Lebensraumes für seine Pfleglinge nicht an einer Bepflanzung vorbei. Pflanzen erhöhen nicht nur den Schauwert eines Terrariums, sie verbessern auch das Klima und bieten den Tieren zudem Deckung und Versteckplätze. Manche Amphibien und Reptilien sind außerdem sehr eng an gewisse Pflanzen gebunden. Deshalb erfüllt die Bepflanzung im Terrarium eine ganze Reihe von Funktionen und stellt einen wichtigen Bestandteil der Einrichtung dar. Dieses Buch zeigt, welche Pflanzen für welchen Terrarientyp geeignet sind und wie mit Hilfe von Pflanzen aus der Heimatregion der gepflegten Tiere ein ästhetisch ansprechender Ersatzlebensraum gestaltet werden kann, in dem sowohl die Pflanzen als auch die Tiere gut gedeihen.

Besuchen Sie uns auf www.ms-verlag.de

Terrarieneinrichtung

Grundlagen • Materialien • Methoden

T. Wilms

128 Seiten, 181 Fotos, 1 Tabelle
Format: 16,8 x 21,8 cm
ISBN 978-3-931587-90-1

Preis: 19,80 €

Gekonnt eingerichtete Terrarien sind ein Blickfang in Ihrer Wohnung und geben dem Hobby die richtige Würze. Und nur in artgerecht eingerichteten Terrarien fühlen sich Ihre Pfleglinge wirklich wohl, zeigen das gesamte Verhaltensspektrum und pflanzen sich auch fort. Der erfahrene Praktiker Thomas Wilms, DRACO-Redakteur, Biologe und Zoologischer Leiter des Reptilium in Landau, erläutert in diesem wegweisenden Standardwerk nicht nur biologische Hintergründe, sondern bietet vor allem detaillierte, leicht nachvollziehbare und ausführlich bebilderte Schritt-für-Schritt-Anleitungen für den Eigenbau sämtlicher Einrichtungsgegenstände – von Kunstfelsen über Rückwände bis hin zu Bachlauf und Wasserfall.

Natur und Tier - Verlag GmbH
An der Kleimannbrücke 39/41, 48157 Münster
Telefon: 0251-13339-0, Fax: 13339-33
E-Mail: verlag@ms-verlag.de, Home: www.ms-verlag.de

NTV

REPTILIA & TERRARIA

– Ihre Fachmagazine für die Terraristik

www.reptilia.de

Nr. 49, Oktober/November 2004, Jahrgang 9(5)

REPTILIA

TERRARISTIK - FACHMAGAZIN

Skorpionskrustenechse

Gefleckter Zwergpython

Chinesische Bergagame

Futtertierzuchten

TERRARIA

Eidechsen erfolgreich züchten

TERRARISTIK-FACHMAGAZIN

- Nachzucht der Tropfenschildkröte
- Schlangen des Pantanal

Preise

Einzelheft
TERRARIA oder REPTILIA . . . . .6,50 €

Abonnements
6 x TERRARIA oder REPTILIA . . . . .36,90 € (Ausland 46,80 €)

Im Kombi-Abonnement
6 x TERRARIA, 6 x REPTILIA . . . . .69,00 € (Ausland 88,80 €)

Monat für Monat der komplette Lesestoff für Terrarianer

Natur und Tier - Verlag GmbH
An der Kleimannbrücke 39/41, 48157 Münster
Telefon: 0251-13339-0, Fax: 13339-33
E-Mail: verlag@ms-verlag.de, Home: www.ms-verlag.de